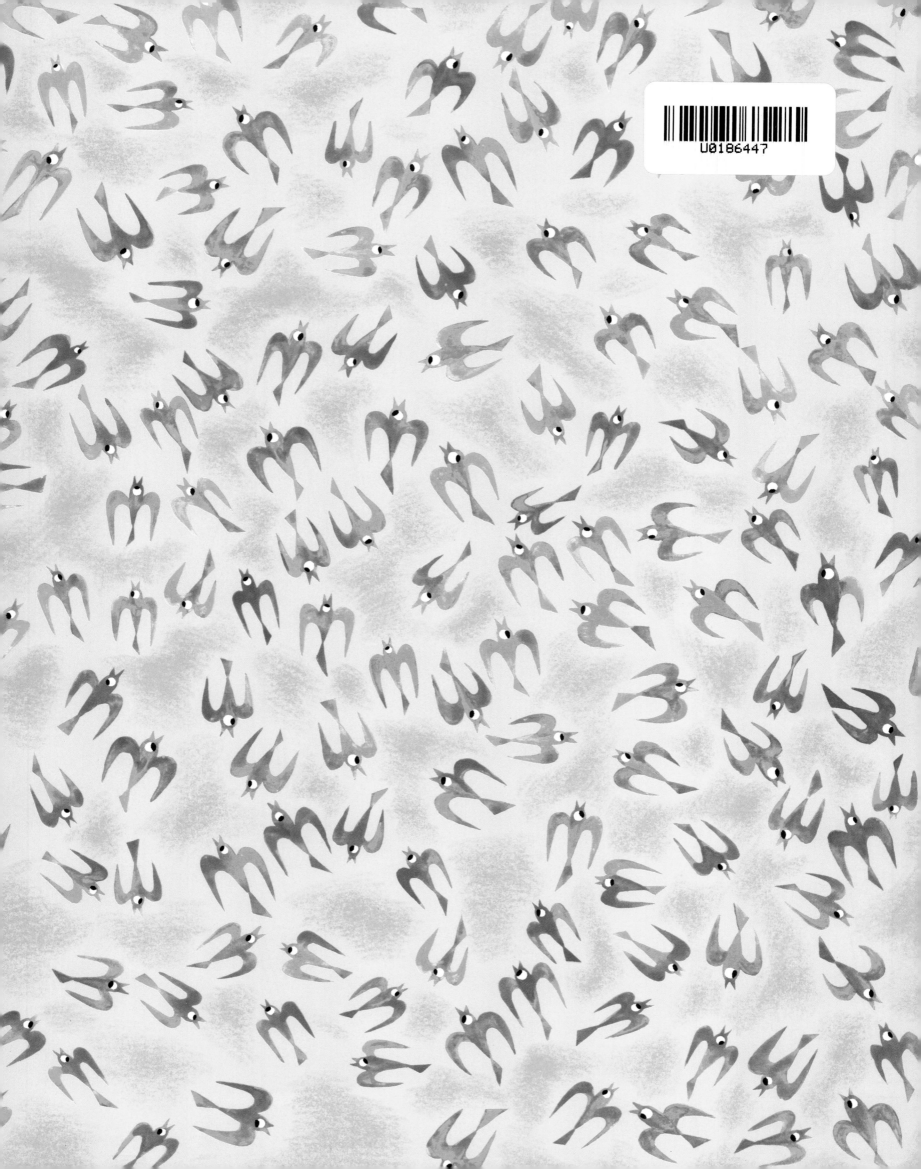

Original title: Mille et un oiseaux
By Joanna Rzezak
© 2022, Actes Sud
Translation copyright © 2023, by Publishing House of Electronics Industry

版权贸易合同登记号 图字：01-2023-4591

图书在版编目（CIP）数据
一千零一只鸟/（法）乔安娜·雷萨克著、绘；张昕译. --北京：电子工业出版社，2023.11
（小世界科普启蒙图画书）
ISBN 978-7-121-46571-0

Ⅰ.①一… Ⅱ.①乔… ②张… Ⅲ.①鸟类 - 少儿读物 Ⅳ.①Q959.7-49

中国国家版本馆CIP数据核字（2023）第206256号

责任编辑：范丽鹏
文字编辑：班 照
印　　刷：河北迅捷佳彩印刷有限公司
装　　订：河北迅捷佳彩印刷有限公司
出版发行：电子工业出版社
　　　　　北京市海淀区万寿路173信箱　邮编：100036
开　　本：787×1092　1/8　印张：4　字数：44.85千字
版　　次：2023年11月第1版
印　　次：2023年11月第1次印刷
定　　价：78.00元

凡所购买电子工业出版社图书有缺损问题，请向购买书店调换。若书店售缺，请与本社发行部联
系，联系及邮购电话：（010）88254888，88258888。
质量投诉请发邮件至zlts@phei.com.cn，盗版侵权举报请发邮件至dbqq@phei.com.cn。
本书咨询联系方式：（010）88254161 转1862，fanlp@phei.com.cn。

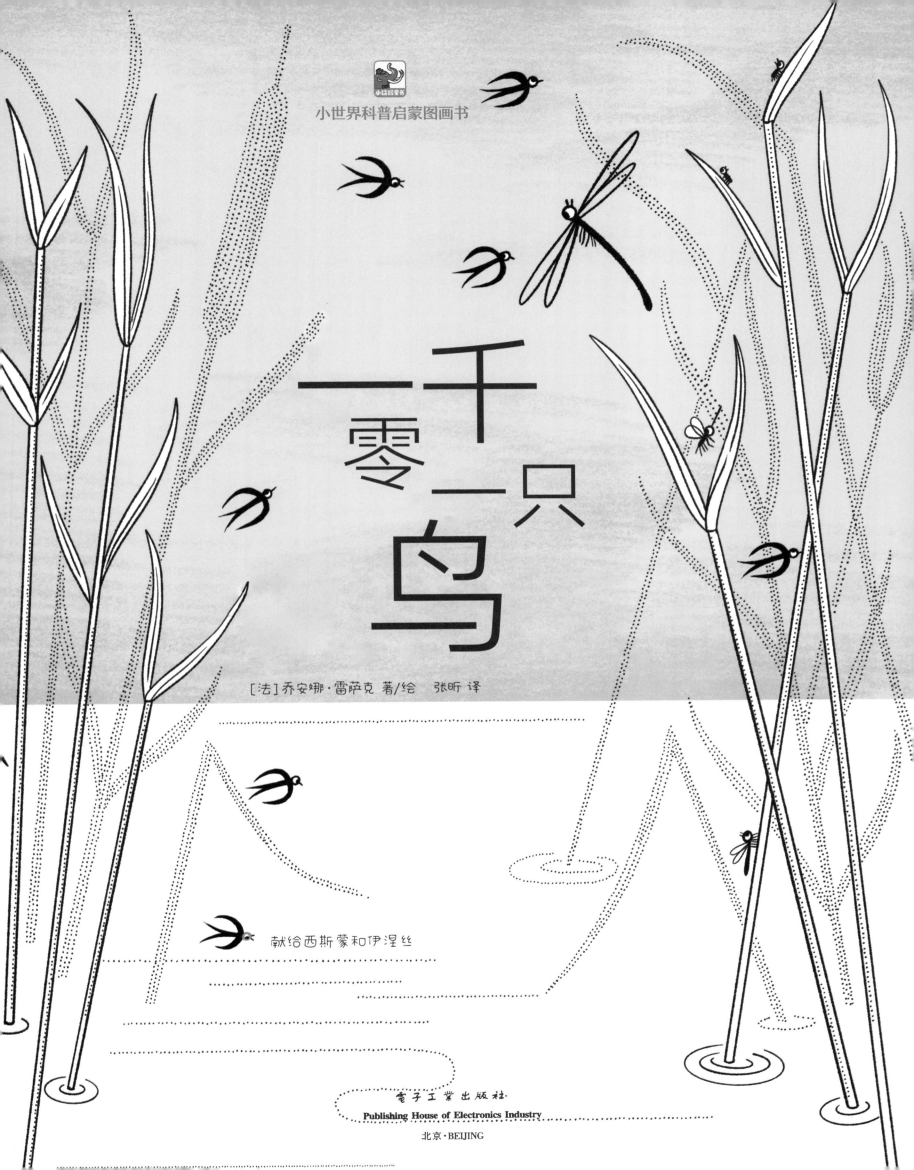

一千零一只鸟

[法] 乔安娜·雷萨克 著/绘　张昕 译

献给西斯蒙和伊涅丝

电子工业出版社
Publishing House of Electronics Industry
北京·BEIJING

在潮湿的芦苇丛里，一群燕子飞得很低。
它们开始捉虫子啦！

小鸭子们，当心点儿！
不要给灰鹤捣乱哦。
它正在捕捉小型软体
动物。这是它的食物之
一。灰鹤最爱的食物是
玉米，它也吃谷粒和小
昆虫。

嗡嗡嗡……瞧，有只蚊子。美味佳肴
来了！
蚊子、苍蝇、大蚊、蜻蜓等会飞的昆
虫都是燕子喜欢的美食。燕子喜欢
在潮湿的地方飞来飞去，因为这些
地方的昆虫特别多。

这只红头小燕子会出现在
接下来的每一页中。你
能找到它吗？

这只发型清奇的鸟名叫**凤头鹏（pì）鹏（tī）**。
它是游泳健将，也是捕鱼高手。它能潜入水下几米深的
地方，甚至能在水下待上足足3分钟！

凤头鹏鹏的巢是浮在水面上的。这种巢叫做
浮巢。它们通常在5月中下旬筑巢。

绿头鸭长着一双蹼足。这双带蹼的脚让它们变成了游泳健将。
绿头鸭几乎每天都在游泳。你在公园里也常常能看到母鸭带着一群
小鸭子在水面上游过。

树冠是许多鸟儿的家。这里简直跟市中心一样热闹!

紫翅椋鸟通常在树洞里筑巢。这种鸟特别爱偷吃樱桃。园丁们可不会把它当朋友!

紫翅椋鸟不太友好,它常常霸占其他鸟儿的巢,最常见的"受害者"是山雀。抢夺成功以后,紫翅椋鸟会在巢里铺满羽毛,开始孵蛋。紫翅椋鸟蛋的外壳是浅蓝色的。破壳而出的雏鸟都很"宅":它们喜欢一直待在巢里。

乌鸫是个歌唱家。它的歌声优美动听,富于变化。它的巢是圆锥形的,通常筑在树冠上或者树篱里。

蓝山雀会把巢建在特别小的树洞里，以防其他竞争者将它的巢据为己有。它每年4月或5月产蛋，每次会生7~8颗蛋。雏鸟出生大约20天就能学会飞。

乌鸦

西灰林鸮藏在树洞里。这是一种猛禽（也就是食肉的鸟，它们会捕猎其他动物）。白天，它总是昏昏欲睡。它的叫声很特别，听到它的声音可比看到它容易多了。但它在夜晚飞翔的时候，通常是悄无声息的。

燕子妈妈回到了巢里。饿得发慌的雏鸟们正在等它！
我们从很远的地方就能听见它们啾啾的叫声……

燕子的种类有很多。**家燕**
的特点是它有棕栗色的喉部
和深V型的尾巴。

农村有许多**家燕**。它们通常住在屋檐下
或房梁上。

家燕的巢挂在贴近建筑屋顶的横梁上。这是一项精细的工程，燕子要来来回回飞上许多趟，衔来各种各样用于筑巢的材料。在法国，法律严格禁止毁掉燕子巢，哪怕是空的也不行！可是，破坏燕子巢的行为还是很常见，燕子的数量也在不断减少。

燕子巢通常由泥巴、麻、草根和枯草茎组成，巢里填的是小段的细草茎、羽毛和马鬃毛。

小燕子很快就能学会飞（通常是20天左右），但它们还会回到原来的巢里过夜，这种情况会持续几个月。拍打翅膀的动作是一种条件反射行为，雏鸟主要得学会降落和控制身体。

燕子很喜欢在人类周围生活。这是一种偏利共生：燕子会吃掉一些人类食物的残渣。

白鹳的巢非常惊人，而且通常建在相当高的地方——比如电线杆顶上，或者房子的烟囱上面。它的巢甚至可以重达2000千克！

秋末，雏鸟都已经被抚养长大了。鸟儿们开始考虑飞到暖和的地方过冬。椋鸟、山雀和燕子通常会组队迁徙！

乱哄哄的大迁徙开始了！鸟儿们聚集在树上或高空输电线上。你甚至会觉得它们正在"焦虑不安地"准备上路。出发之前，它们会吃很多东西，好储备出足够应付长途旅行的脂肪。

鸟类为什么要迁徙呢? 随着温度日益下降, 它们知道冬天就要来了。对鸟儿来说, 那就意味着食物更少, 白天更短。

乌鸫

蓝山雀

有些鸟会飞向南欧。另一些鸟——比如**家燕**——会飞得更远, 甚至飞到非洲。有的鸟儿在8月出发, 但大多数会等到9月再飞走。
近几十年来, 越来越多的鸟不再迁徙, 而是原地过冬。这是由于**全球气候变暖**, 欧洲的冬天也变得越来越热了。

白天变得越来越短了。大雁们知道：该出发去旅行了！

斑头雁会排成"人"字形飞行。这种队形能帮它们节省体力。
领头的大雁独自对抗风阻，跟在后面的大雁充分利用自己的位
置，减少疲劳。
飞过一段距离以后，另一只大雁会飞上去接替领头雁的位置。

鸟类借助**热气流**上升，或者被气流推着往前飞。

斑尾塍（chéng）鹬保持着最长距离无停靠直飞的纪录：11500千米！

候鸟有时要飞数千千米。它们是如何导航的呢？有些鸟依靠太阳的位置判断方向，有些鸟借助山峰或河流的位置，还有一些鸟会利用地球的磁场。这些鸟具有一种特殊的感应功能，被称为**"磁场感知力"**，这让它们能感应到地球磁场的分布状态，并由此判断飞行的方向。

看谁飞得最高!

鸟类飞行高度的纪录保持者是黑白兀鹫（也叫吕佩尔兀鹫），它能飞到大约11000米高!这个高度超过了大多数飞机!它选择在陡峭的山崖上栖息。黑白兀鹫生活在非洲，但偶尔也会飞到西班牙南部。

商用飞机的飞行高度一般在9000到12000米。

灰鹤能飞到大约10000米高。在飞行中，它几乎大部分时间都会伸长脖子和双脚。叫声能传出好几千米。希腊故事中说，灰鹤在嘴里衔上一颗卵石，以便安静地飞过大山，这样才不会引起老鹰的注意。

绿头鸭是最常见的鸭子。雄性绿头鸭很容易认出来：它的脑袋是绿色的，脖子上有一圈"白项链"。雌性绿头鸭是棕褐色的，体型比雄性小。雌性绿头鸭非常吵，总是在嘎嘎大叫。

斑头雁也能飞到10000米高。在迁徙时，雁群由50至200只大雁组成。

像许多其他鸟类一样，麻雀也是通过振翅来飞行的：它会以很快的速度拍打翅膀，好让自己前进。

信鸽是一种能传递信息的鸟，人们把信件写在小纸条上，塞在鸽子脚上的小竹筒里。这种传信方法被称为"飞鸽传书"。

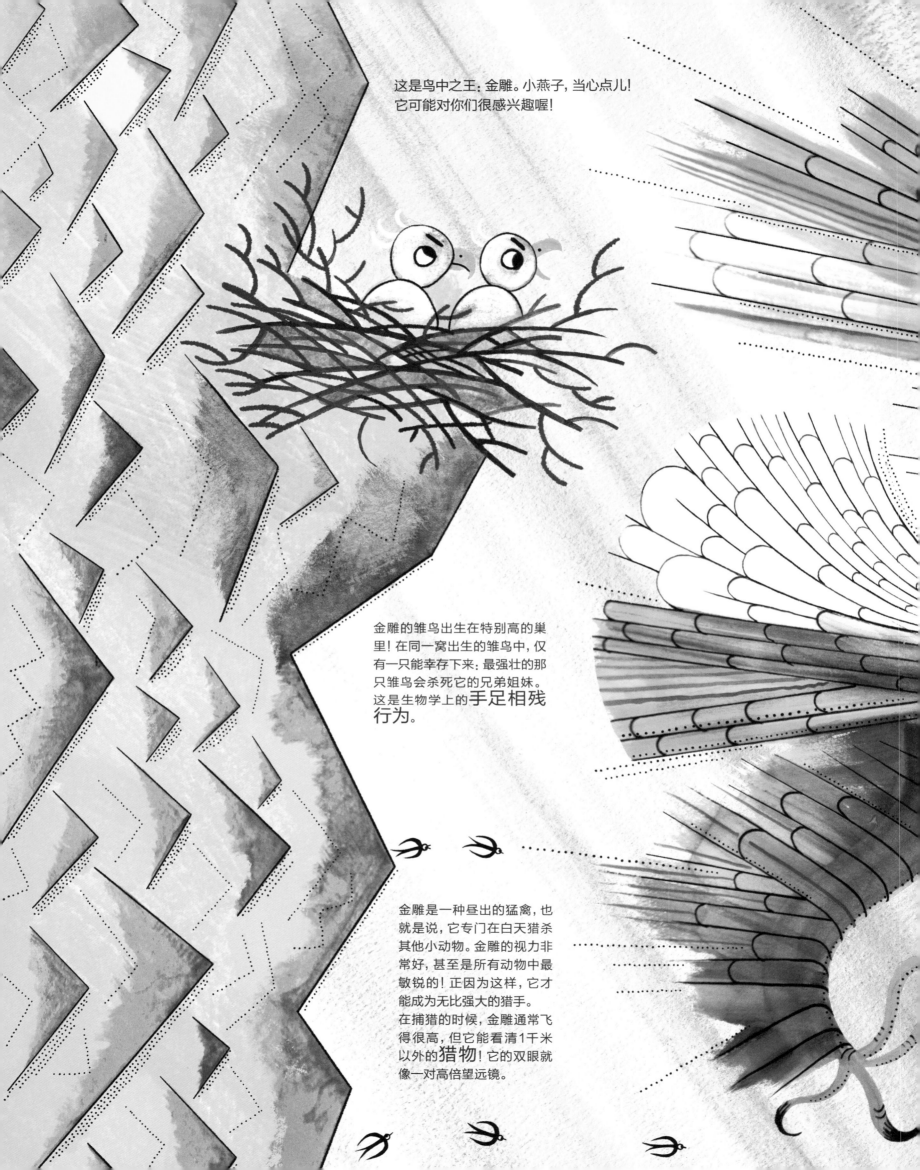

这是鸟中之王: 金雕。小燕子, 当心点儿!
它可能对你们很感兴趣喔!

金雕的雏鸟出生在特别高的巢
里! 在同一窝出生的雏鸟中, 仅
有一只能幸存下来: 最强壮的那
只雏鸟会杀死它的兄弟姐妹。
这是生物学上的**手足相残
行为**。

金雕是一种昼出的猛禽, 也
就是说, 它专门在白天猎杀
其他小动物。金雕的视力非
常好, 甚至是所有动物中最
敏锐的! 正因为这样, 它才
能成为无比强大的猎手。
在捕猎的时候, 金雕通常飞
得很高, 但它能看清1千米
以外的**猎物**! 它的双眼就
像一对高倍望远镜。

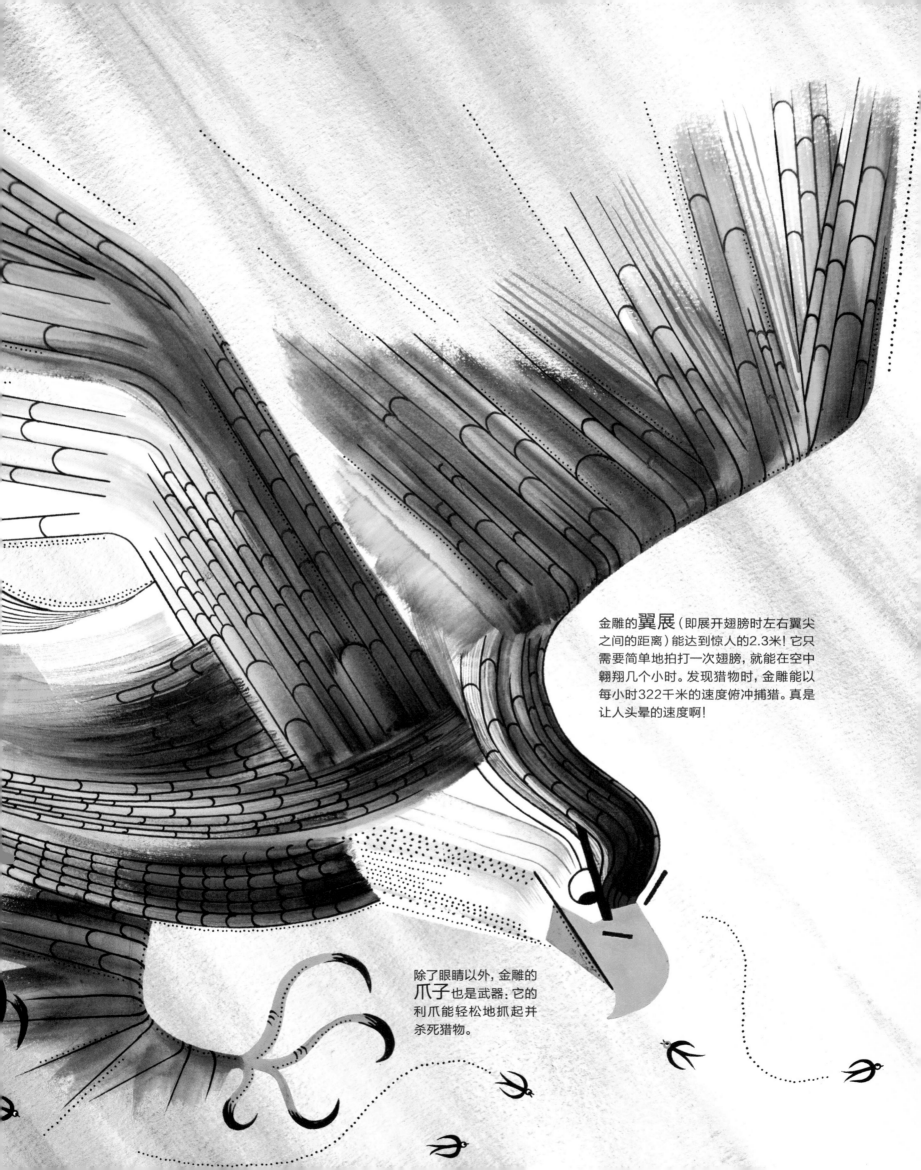

金雕的**翼展**（即展开翅膀时左右翼尖之间的距离）能达到惊人的2.3米！它只需要简单地拍打一次翅膀，就能在空中翱翔几个小时。发现猎物时，金雕能以每小时322千米的速度俯冲捕猎。真是让人头晕的速度啊！

除了眼睛以外，金雕的**爪子**也是武器：它的利爪能轻松地抓起并杀死猎物。

对于这些鸟类来说，最大的飞行挑战莫过于飞越地中海。

欧洲绿鸬鹚也叫**长鼻鸬鹚**，它是地中海地带的**特有物种**。特有物种的意思就是，在其他地方都没有这个物种。长鼻鸬鹚是捕鱼专家。它们经常一动不动地站在岩石上，晾晒全身的羽毛。

北方鲣鸟是潜水大师。它能以每小时100千米的速度冲向水下。

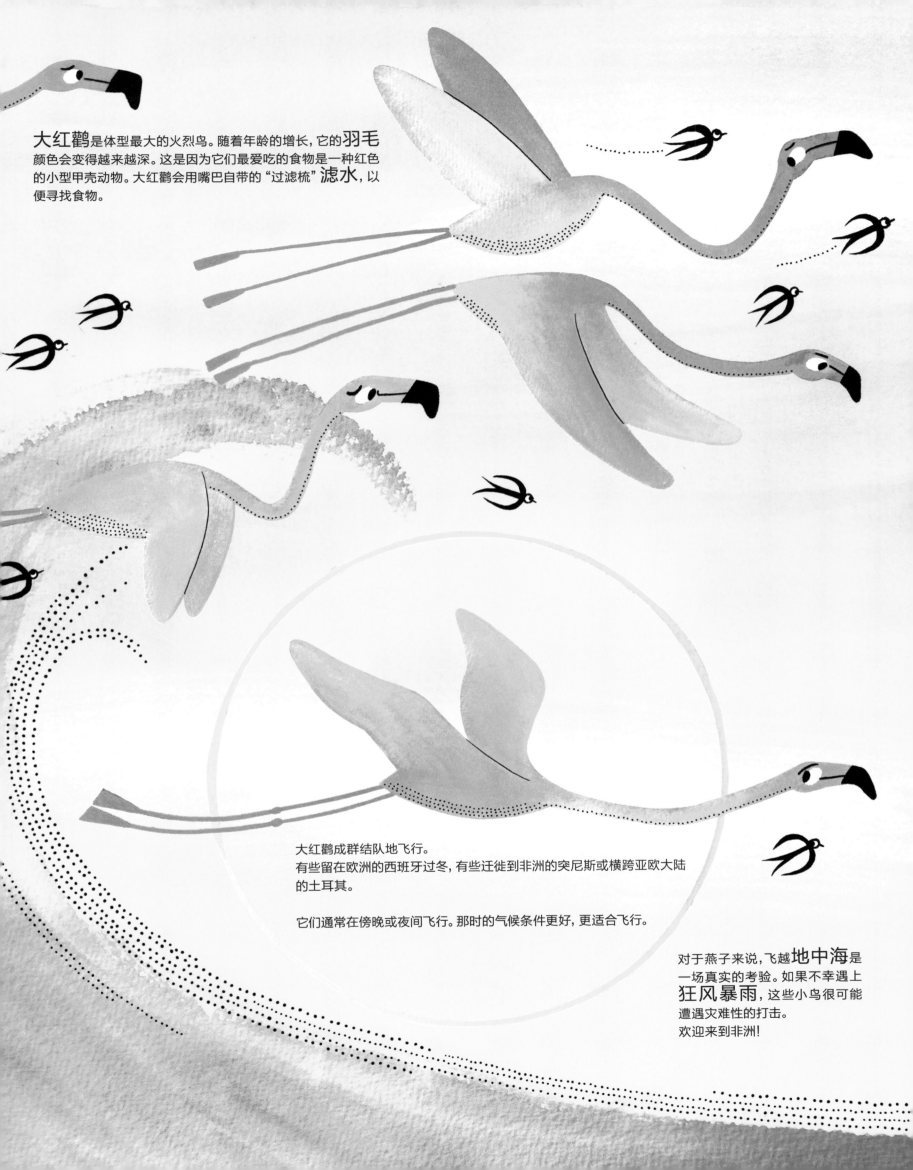

大红鹳是体型最大的火烈鸟。随着年龄的增长, 它的**羽毛**颜色会变得越来越深。这是因为它们最爱吃的食物是一种红色的小型甲壳动物。大红鹳会用嘴巴自带的"过滤梳"**滤水**, 以便寻找食物。

大红鹳成群结队地飞行。
有些留在欧洲的西班牙过冬, 有些迁徙到非洲的突尼斯或横跨亚欧大陆的土耳其。

它们通常在傍晚或夜间飞行。那时的气候条件更好, 更适合飞行。

对于燕子来说, 飞越**地中海**是一场真实的考验。如果不幸遇上**狂风暴雨**, 这些小鸟很可能遭遇灾难性的打击。
欢迎来到非洲!

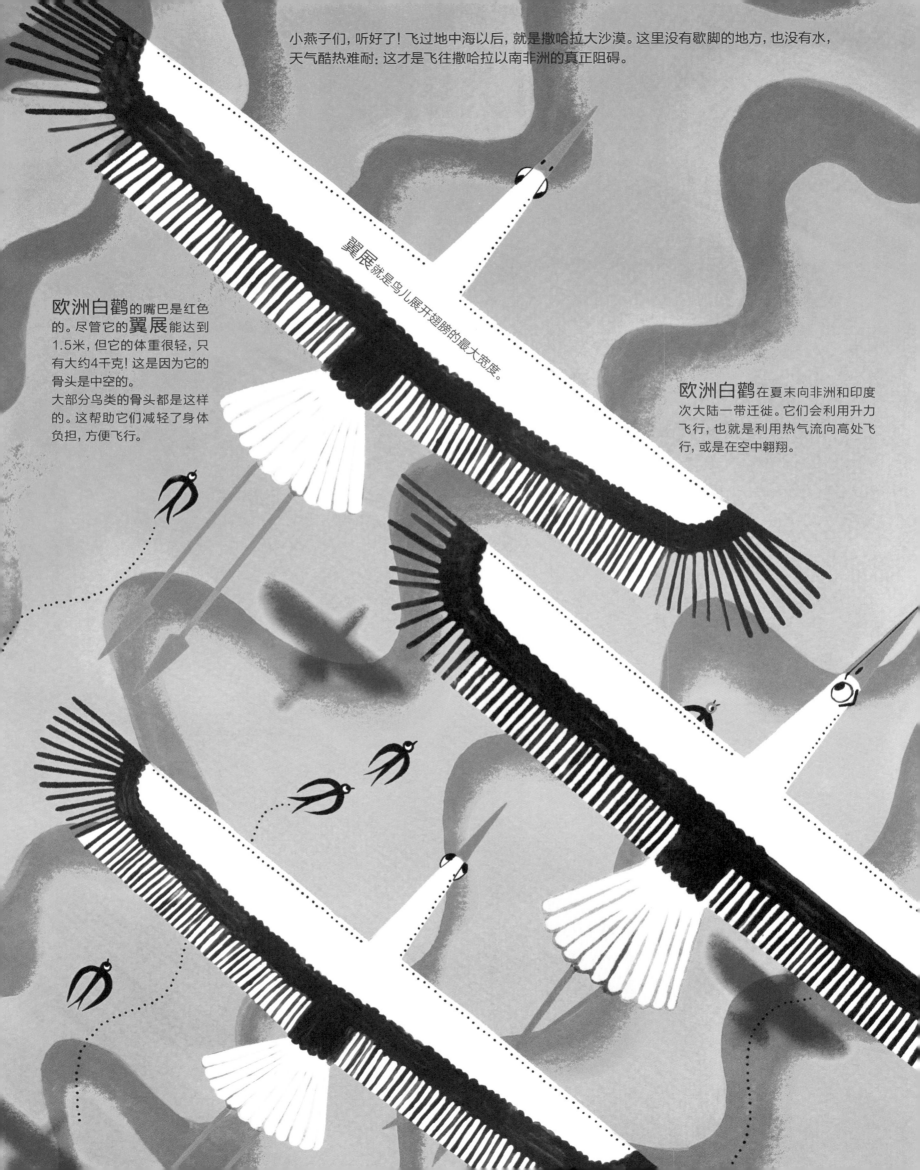

小燕子们，听好了！飞过地中海以后，就是撒哈拉大沙漠。这里没有歇脚的地方，也没有水，天气酷热难耐：这才是飞往撒哈拉以南非洲的真正阻碍。

欧洲白鹳的嘴巴是红色的。尽管它的**翼展**能达到1.5米，但它的体重很轻，只有大约4千克！这是因为它的骨头是中空的。
大部分鸟类的骨头都是这样的。这帮助它们减轻了身体负担，方便飞行。

翼展就是鸟儿展开翅膀的最大宽度。

欧洲白鹳在夏末向非洲和印度次大陆一带迁徙。它们会利用升力飞行，也就是利用热气流向高处飞行，或是在空中翱翔。

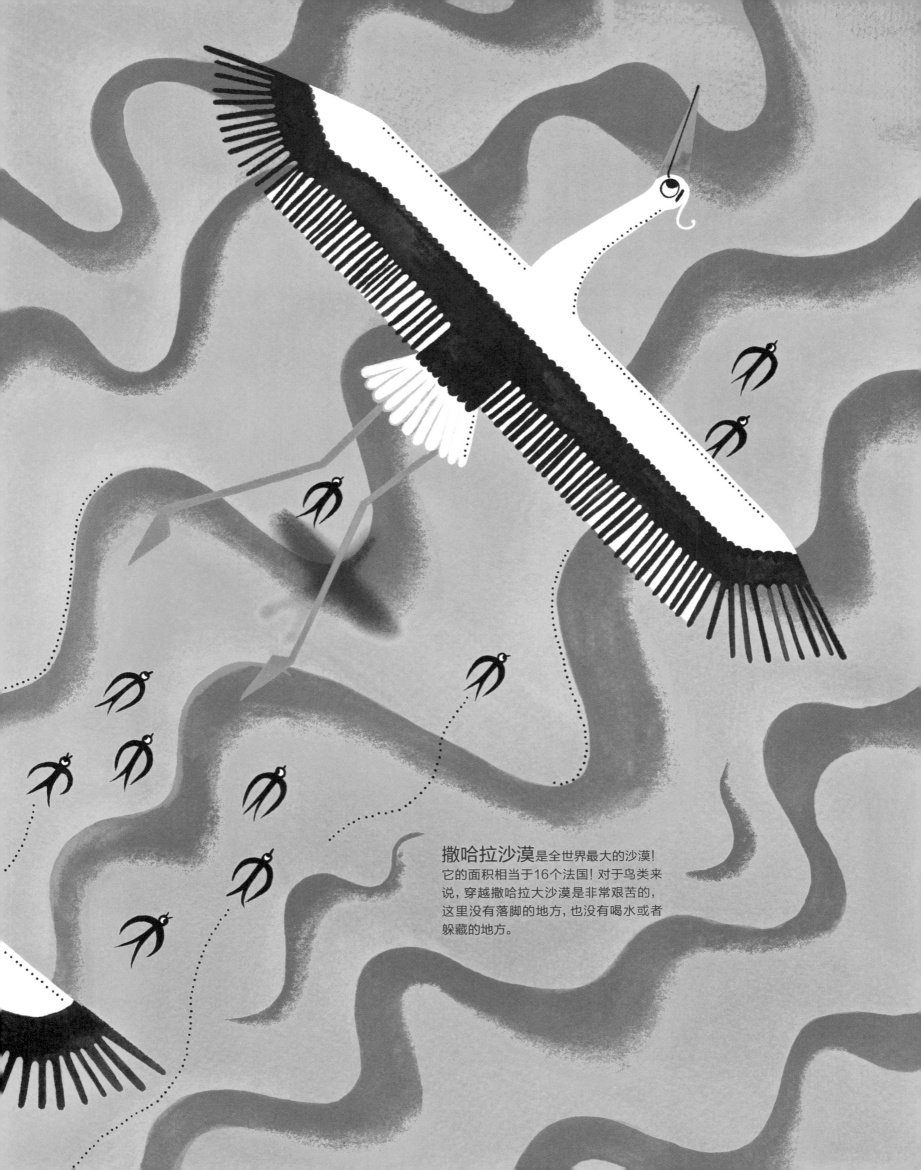

撒哈拉沙漠是全世界最大的沙漠！它的面积相当于16个法国！对于鸟类来说，穿越撒哈拉大沙漠是非常艰苦的，这里没有落脚的地方，也没有喝水或者躲藏的地方。

欢迎来到热烘烘的非洲！
当欧洲是冬天的时候，赤道以南是夏天。

鸵鸟是目前世界上最大的鸟类：它能长到2.8米高。它的双腿很长，肌肉发达，所以它能跑得特别快。这对它来说是件好事，因为鸵鸟不会飞，它的大翅膀只能用来求偶或者扇风。

跟我们平时的印象正相反，鸵鸟并不会把脑袋藏进沙子里。其实，它只是把脑袋贴近地面，到处寻找可以吃的植物小嫩芽。

蛇鹫也叫秘书鸟或书记鸟，它的羽毛非常特别。如果要起飞，它必须先奔跑，就像飞机起飞之前要先加速一样。它整天在非洲的稀树草原上走来走去，寻找各种食物。

非洲秃鹳偶尔会吃腐肉，所以它们的头顶和脖子上都不长羽毛。如果头上长有羽毛，当它们把大型动物的尸体当作美餐的时候，就会弄脏羽毛，那可是很不方便的。

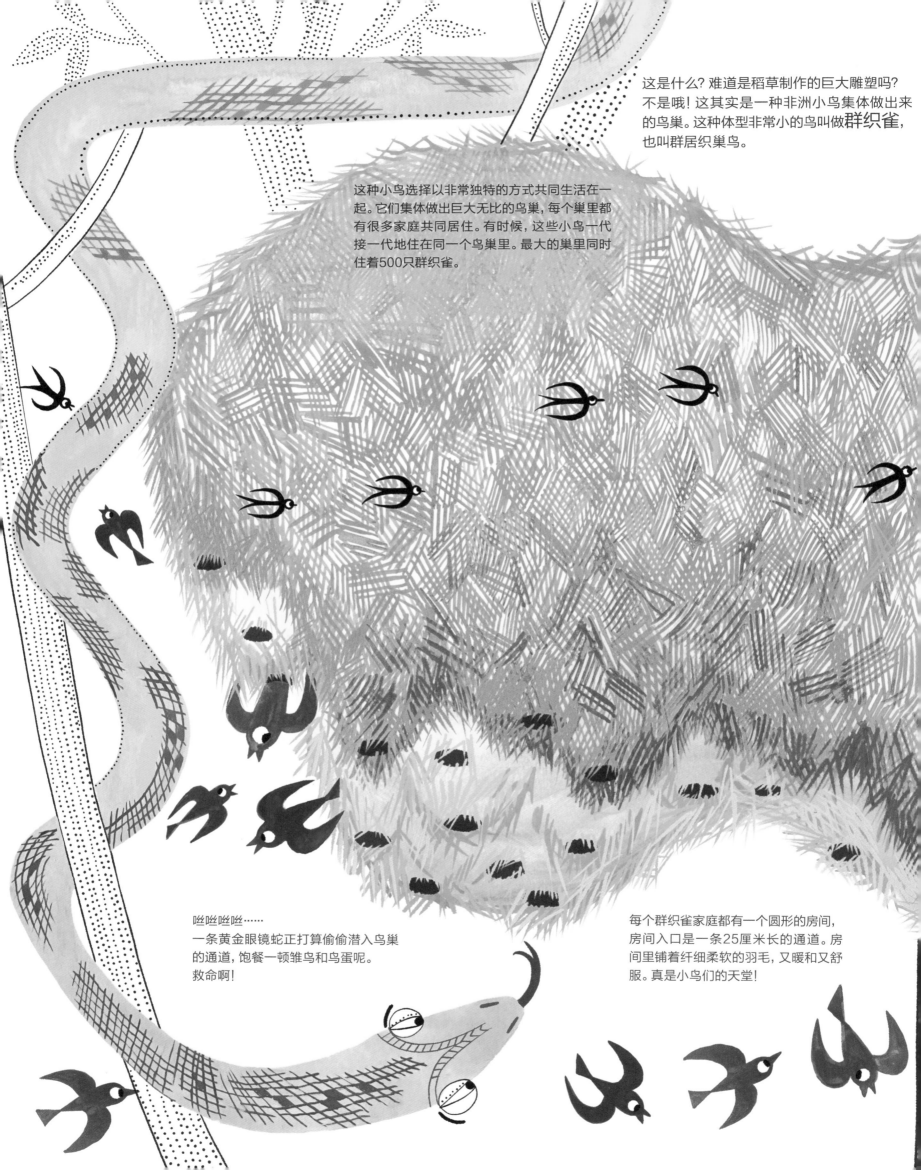

这是什么？难道是稻草制作的巨大雕塑吗？不是哦！这其实是一种非洲小鸟集体做出来的鸟巢。这种体型非常小的鸟叫做**群织雀**，也叫群居织巢鸟。

这种小鸟选择以非常独特的方式共同生活在一起。它们集体做出巨大无比的鸟巢，每个巢里都有很多家庭共同居住。有时候，这些小鸟一代接一代地住在同一个鸟巢里。最大的巢里同时住着500只群织雀。

嗞嗞嗞嗞……
一条黄金眼镜蛇正打算偷偷潜入鸟巢的通道，饱餐一顿雏鸟和鸟蛋呢。救命啊！

每个群织雀家庭都有一个圆形的房间，房间入口是一条25厘米长的通道。房间里铺着纤细柔软的羽毛，又暖和又舒服。真是小鸟们的天堂！

有时候，其他鸟类（比如热带巨嘴鸟、石鹨、山雀、牡丹鹦鹉等）也会来侵占这些舒适的房间。

这个鸟巢的直径可达数米，重达数吨，甚至会让大树摇摇晃晃！为了躲避捕食者，鸟巢通常放置在高处，比如树干光滑的树冠上，或者是电线杆上。

如果不是因为它们的巢如此庞大，我们根本不会注意到这种小鸟！群织雀是棕褐色的，体型很小，看起来跟麻雀差不多。

燕子们可以尽情享受非洲平原上充足的食物，等到次年春天再飞回欧洲。

春天，**迁徙**到非洲的燕子陆续返回，开始筑巢。筑巢季节从4月开始，通常持续5个月。

在非洲过冬期间，燕子们喜欢在**芦苇丛**中栖息。它们能在那里找到足够的昆虫，以便重新长出足够的脂肪，为飞回欧洲的旅行做准备。

哈喽!
这只漂亮的大鸟是**灰冠鹤**。它居住在非洲稀树草原的潮湿地带。目前,许多鸟类已经被划为"濒危物种",灰冠鹤就是其中之一。

我们总觉得,鸟类无处不在。事实上,它们的生存正不断遭受威胁,其中最常见的是栖息地减少、杀虫剂滥用、城市噪音、空中航线等等。

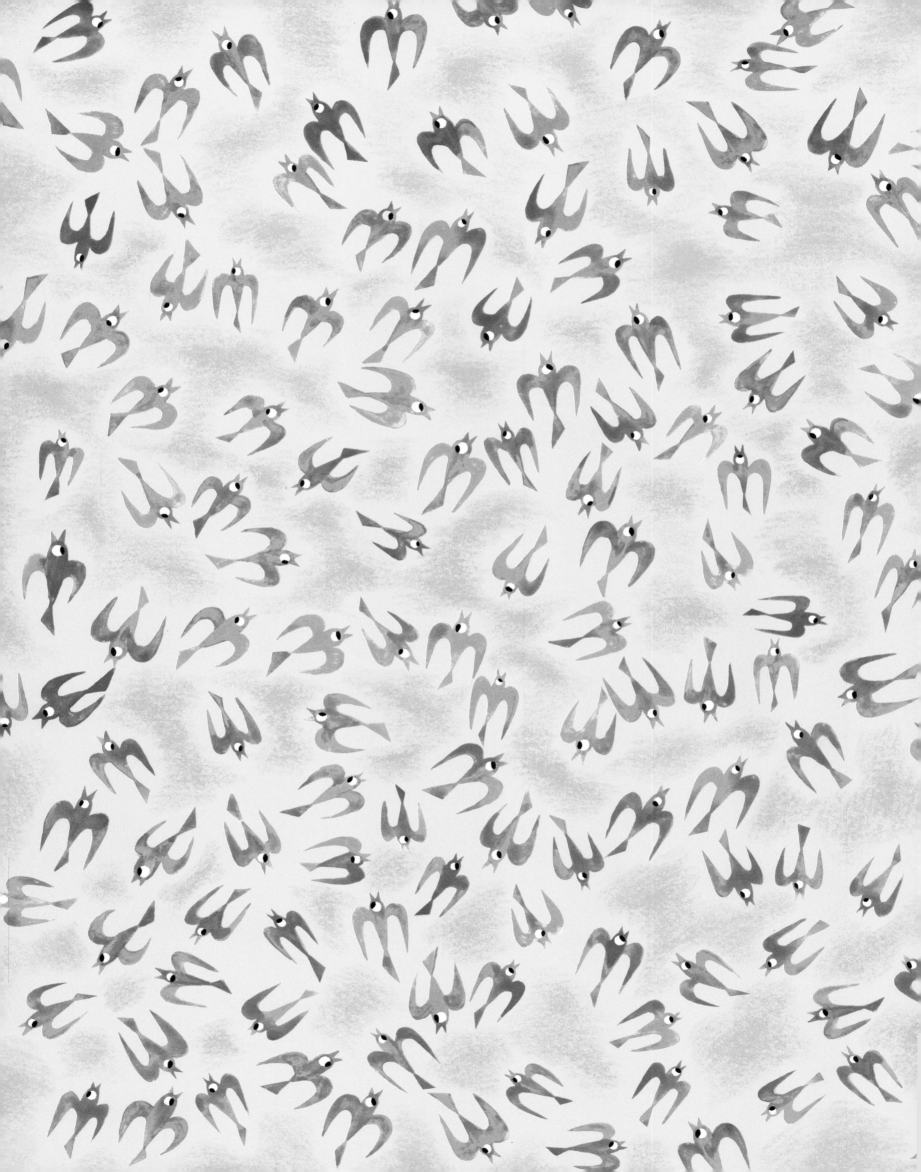